BEI GRIN MACHT SICH IHR WISSEN BEZAHLT

- Wir veröffentlichen Ihre Hausarbeit, Bachelor- und Masterarbeit

- Ihr eigenes eBook und Buch - weltweit in allen wichtigen Shops

- Verdienen Sie an jedem Verkauf

Jetzt bei www.GRIN.com hochladen und kostenlos publizieren

Joachim Dieterich

Exkursionsbericht: Rheingau, Was den Rheingau zum Rheingau macht - Ein Portrait

GRIN Verlag

Bibliografische Information der Deutschen Nationalbibliothek:

Die Deutsche Bibliothek verzeichnet diese Publikation in der Deutschen National-
bibliografie; detaillierte bibliografische Daten sind im Internet über http://dnb.d-
nb.de/ abrufbar.

Impressum:

Copyright © 2004 GRIN Verlag GmbH
Druck und Bindung: Books on Demand GmbH, Norderstedt Germany
ISBN: 978-3-640-68082-5

Dieses Buch bei GRIN:

http://www.grin.com/de/e-book/29963/exkursionsbericht-rheingau-was-den-rhein-
gau-zum-rheingau-macht-ein

Universität Koblenz Landau, Abteilung Landau

Institut für Naturwissenschaften und Wissenstransfer, Abteilung Geographie

Tagesexkursion: Rheingau

Was den Rheingau zum Rheingau macht – Ein Portrait

Joachim Dieterich

Universität Koblenz Landau, Abteilung Landau

Institut für Naturwissenschaften und Wissenstransfer, Abteilung Geographie

Inhaltsverzeichnis

Rheingau

Historische Daten[1,2]

Der Rheingau wurde, wie Funde der Steinzeit, Kelten, Römer, Allemannen und Franken zeigen, schon früh bewohnt. Rund 20 Jahre nach der Eroberung Jerusalems durch die Römer (um 90 n. Chr.) wurde das Gebiet des Rheingaus durch den Bau des Limes dem römischen Weltreich einverleibt. Urkundlich wird das Gebiet jedoch erst um 772 erwähnt. Um 1000 übernimmt dann der Mainzer Erzbischof die Herrschaft über die Region. Im 12. und 13. Jahrhundert setzte dann, durch die Waldrodung und das Anlegen von Weinbergen, der Aufschwung des Reingaus ein. Im Mai 1324 erhielten die Rheingauer ihre Freiheit. Um ihre Region vor Eindringlingen zu schützen, legten sie das so genannte „Rheingauer Gebück" an. Es bestand aus einem Graben, sowie einem lebenden Wall, der aus jungen Hainbuchen und Brombeeren sowie anderen Dornensträucher. Nach einer Rebellion 1525 wurde den Rheingauern die 1324 zugesprochene Freiheit durch den Mainzer Erzbischof genommen, nachdem er als Sieger hervorgegangen war. 1631, während des Dreißigjährigen Krieg, gelang es dem Schwedischen Herzog Bernard von Weimar das seit dem 11. Jahrhundert bestehende „Gebück" zu durchbrechen. Die Schweden wüteten noch bis 1635 im Rheingau. Nach den Schweden besetzten 1939 die Franzosen bis 1648 den Rheingau (ausgenommen die Jahre 1640 -1644). Schlimmste Übergriffe konnten aber durch den Weinbau verhindert werden, jedoch mussten die Rheingauer hohe Schutzgelder zahlen.

Gegen Ende des 17. Jahrhunderts raffte die Pest die Hälfte der Bevölkerung dahin.

1803 wurde durch Napoleon die Abtrennung des Gebietes am linken Rheinufer erzwungen. Der Rheingau geht in den Besitz des Fürstenhauses Nassau-Usingen über.

1866 Der Rheingau fällt in den Besitz der Preußen. Diese gründeten 1867 den Regierungsbezirk Wiesbaden, dem unter anderem auch der Rheingau unterstellt wurde. 1945 wird der preußische Staat durch ein Kontrollratgesetz aufgelöst. Der Rheingau wird zum Neugeschaffenen Bundesland Hessen hinzugenommen. 1977 wurde der Landkreis Rheingau dem Neugegründeten Landkreis Rheingau-Taunus zugeführt, was selbst 20000 Unterschriften nicht verhindern konnten.

---

[1] Eltviller Gästeführer, *Historischer Rheingau*, auf: http://www.rheingauerwein.de, Stand: 12.07.2004, 14:00.

[2] Biehn, Heinz, *MERIAN – Brevier von Rheingau und Taunus*, in: Merian VIII, Heft 9, Hoffmann und Campe Verlag, Hamburg, 1955.

Rüdesheim

Der Rhein erreicht auf der Höhe von Rüdesheim eine Breite von 800m. Dies wirkt sich sehr positiv auf das Klima und damit auch auf den Weinbau aus. Durch die Reflektion der Sonnenstrahlen auf der Wasseroberfläche des Rheins herrscht im Bereich des Rheingaus ein besonders mildes Klima mit optimalen Klimavorrausetzungen für den Weinbau.

In Rüdesheim findet man unter anderem die Brömserburg. Sie soll im 11. Jahrhundert gebaut worden sein und diente lange Zeit als Wohnsitz der sagenumwobenen Brömser von Rüdesheim. Heute dient sie als Heimat- und Weinmuseum. Schon im Jahre 864 wurde Rüdesheim in Verbindung mit Weinbau genannt.

Neben dem Weinbau lebt Rüdesheim heute vor allem vom Tourismus. Jedes Jahr besuchen ca. 3 Millionen Tagestouristen Rüdesheim mit seiner mittelalterlichen ungeordneten Struktur. Das Hotelgewerbe kann jährlich rund 300000 Übernachtungen verbuchen. In Rüdesheim fällt vor allem das mediterrane Flair auf, das sich durch offene Türen an Restaurants und anderen Einrichtungen zeigt. Dies wird jedoch nur durch das milde Klima ermöglicht.

Die vielen Touristen stellen aber auch eine starke Belastung für den Ort dar. So leiden die 3000Einwohner, aber natürlich auch die Touristen selbst, unter dem starken Verkehr. Inzwischen wird sogar schon eine Untertunnelung für die Bahn geplant.

Auch schon früher war Rüdesheim, bedingt durch seine Lage am Binger Loch, ein wichtiger Ort. So wurden hier Güter von großen Schiffen, die das Binger Loch nicht passieren konnten, auf kleinere Kähne umgeladen, oder teilweise sogar mit Fuhrwerken über den Taunus transportiert.

Die Drosselgasse

Die nur knapp 145m lange Drosselgasse ist weltweit bekannt. Sie bietet neben jeder Menge Weinlokale vor allem Souvenirläden für Touristen. Hier werden durch Schilder in fremder Sprache (z.B.: Japanisch) die Touristen angezogen. Auch die Verkäufer sind teilweise in Deutschland lebende Japaner. Hiermit wird versucht auch Touristen anzusprechen, die der deutschen Sprache nicht mächtig sind.

Geisenheim [3]

Geisenheim wurde um das Jahr 500 n. Chr. von Franken gegründet und liegt an der Mündung des Stegbachs, der heute Blaubach heißt. Es hieß zunächst „Gisenheim" und wurde erstmalig im Jahre 772 urkundlich erwähnt (in Verbindung mit dem Namen Rheingau (Rhinechgowe). Rheingau war ein wichtiger Umschlagplatz für die Rheinschifffahrt.

Die Pfarrkirche „Heilig Kreuz" die wegen ihrer Doppelturmfassade auch als „Rheingauer Dom" bezeichnet wird wurde1836-39 von den Architekt Philipp Hoffmann zur heutigen Form umgebaut, nachdem der alte romanische Doppelturm baufällig geworden war. Die Fassade des alten Turms findet sich seit dem Mittelalter auf dem Ortswappen.

Die Zollstrasse mit dem Fachwerkhaus „Pfefferzoll" erinnert an den, seit dem frühen Mittelalter erhobenen Schiffszoll, der in Form von Pfeffer gezahlt werden musste. Auch wurden von hier Waren auf dem Landwege nach Lorch transportiert, um das gefährliche Binger Loch zu umgehen. Von dort aus wurden sie dann weiter auf dem Rhein transportiert.

Der Ortsmittelpunkt wird durch den Lindenplatz am Rathaus gebildet. Hier steht auch die Namensgebende Linde, das Wahrzeichen Geisenheims. Ihr alter wird auf ca. 600 Jahre geschätzt. Zwischen dem 16. und 18. Jahrhundert siedelten sich mehrere Adelsfamilien in Geisenheim an. Die Schlösser und Höfe wurden rund um den alten Ortskern gebaut. Grund für das ansiedeln dürfte die Steuerfreiheit der Adeligen im Rheingau gewesen sei.

Eduard von Lade (1817 – 1904) der als Sohn eines Geisenheimer Weinhändlers als internationaler Geschäftsmann sehr erfolgreich war, verdankt Geisenheim die Errichtung der Königlichen Lehranstalt für Obst- und Weinbau im Jahre 1872. Schon 10 Jahre später wurde hier aus Riesling und Sylvaner die Rebsorte Müller Thurgau gezüchtet. Heute studieren hier ca. 800 Studenten.

---

[3] Eltviller Gästeführer, *Geisenheim*, auf: http://www.rheingauerwein.de, Stand: 12.07.2004, 14:00.

Nahemündung und Binger Loch[4]

Mit dem „Binger Loch" beginnt das Engtal des Rheins durch das Schiefergebirge. Das anstehende Gestein ist ein aus Quarzit bestehendes Felsenriff, das hier bei km 530,7 den Rhein quert. Durch das starke Gefälle, sowie die rechtwinklige Richtungsänderung des Stromes wird das Beschiffen hier zur Gefahr.

Schon die Römer versuchten am „Binger Loch" die Schaffung einer Durchfahrt. 1816 wurde das

Gebiet um das „Binger Loch" unter preußische Verwaltung gestellt. 1830 wurde die Durchfahrtsöffnung von ca. 8 auf 30 m verbreitert. 1860 wurde am linken Ufer zudem eine zweite Durchfahrt geschaffen.
Gegenwärtig wird an einer dritten Durchfahrt gearbeitet, dem „Mittleren Fahrwasser".

Die Abbildung zeigt die Nahemündung kurz vor dem Binger Loch.

Das Niederwalddenkmal[5]

Historisches

Man stritt lange über den geeigneten Platz für ein solches Denkmal. Nachdem der Kurdirektor Ferdinand Hayl in Wiesbaden ein längere, gründliche Arbeit veröffentlicht hatte, in der er nachwies, dass kein Platz in ganz Deutschland besser geeignet sei, als der Vorsprung des Niederwaldes bei Bingen, wurde dieser ausgewählt. In nur kurzer Zeit hatte man durch freiwillige Beiträge 700000Mark gesammelt, die restlichen 500000 Mark wurden vom Reichstag übernommen. Jetzt waren die deutschen Künstler gefordert Entwürfe und Modelle zu liefern. Unter allen wurde der Entwurf von Johannes Schilling (Dresden) ausgewählt. Am 16. September 1871 wurde dann von Kaiser Wilhelm I. der Grundstein gelegt. Am Jahrestag der Eroberung Straßburgs (28. September 1883) wurde das

---

[4] Vgl. Sperling, W., *Nahemündung und Binger Loch*, in: Topographischer Atlas Rheinland-Pfalz, 1973.

[5] Anton, Ralph, *Niederwalddenkmal – Die Wacht am Rhein*, auf: http://www.deutsche-schutzgebiete.de, Stand: 12.07.2004, 15:20.

fertige Denkmal dann eingeweiht. Thematisch beschäftigt es sich mit dem Deutsch-französischen Krieg (1870 – 1871) und der Reichsgründung. Heute kann man es von Rüdesheim und Assmannshausen mit der Zahnradbahn erreichen, es ist aber auch mit dem Auto erreichbar.

Der Aufbau

Der Unterbau der Figur ist 25m hoch. Der Sockel trägt die Inschrift „Zum Andenken an die einmütige und siegreiche Erhebung des deutschen Volkes und die Wiederaufrichtung des Deutschen Reiches 1870/71." Darüber ist der deutsche Reichsadler zu sehen, umgeben von den Wappen der deutschen Staaten. Auf dem unteren Sockel rechts davor steht der Engel des Friedens, links davor der Engel des Krieges. Dazwischen ist als Relief der Kaiser auf einem Ross, umgeben von den deutschen Fürsten und Heerführer abgebildet.

Auf dem Sockel thront Germania, die als Figur schon in der römischen Antike auftaucht und als Personifikation Germaniens gilt, mit gesenktem Schwert in der linken Hand, in der Rechten hat sie die Reichskrone. Ein Eichenkranz ziert ihr Haupt. Sie selbst misst 12,5 Meter. Das Schwert in ihrer linken Hand misst 7 Meter und ist damit so lang wie die Engel des Krieges und des Friedens.

Schloss Johannisberg[6]

Die Entstehung Johannisberg wurde durch die Gründung des Benediktinerklosters auf dem Bischofsberg Jahr 1106 bedingt. Es war das erste und auch einzige Benediktinerkloster im Rheingau. Zuerst war es Johannes dem heiligen Nikolaus gewidmet wurde aber 1130 Johannes dem Täufer

gewidmet. Dieser gab dem Berg und auch der Siedlung am Fuß des Berges den Namen. 1452 wurde das Benediktinerinnenkloster, dass am Fuße des Berges angesiedelt war, wegen schlechter Disziplin aufgehoben der Besitz fiel dem Männerkloster zu. Ungefähr 100 Jahre später

wurde auch das Männerkloster aufgelöst und der Weinbergbesitz ging bis 1716 in eine weltliche Verwaltung über. In diesem Jahr wurde das Anwesen von der Fürstabtei Fulda gekauft, das Klostergebäude mit Ausnahme der Kirche und des heute fast 900 –jährigen Weinkellers (Bibliotheca subterranea) abgerissen, und an deren Stelle ein barockes Schloss erbaut. An den alten Keller wurde ein neuer, riesiger Keller mit einer Länge von 250 Metern angebaut.

1720 wurden bei Neuanpflanzungen erstmals Rieslingreben angepflanzt. Hiermit wurde die Ära der Weißweine und für den Rheingau eingeleitet. Selbst in Kalifornien werden heute Rieslingweine mit dem Namen „Riesling Johannisberg" bezeichnet. Auch wurde hier zufällig der Wert der Edelfäule entdeckt, nachdem ein Kurier verspätet die Leseerlaubnis brachte und die Trauben schon Teilweise Faul wurden. 1802 ging das Schloss wieder in weltlichen Besitz über und wechselte mehrmals die Besitzer bis schließlich Kaiser Franz I. von Österreich das Schloss übernahm. Er schenkte es 1816 seinem Staatskanzler Fürst vom Metternich-Winnenburg mit der Auflage ein zehntel der jährlichen Weinernte an das österreichische Kaiserhaus zu zahlen, was heute noch geschieht. 1942 wurde das Schloss Johannisberg bei einem Bombenangriff auf Mainz fast völlig zerstört. Paul Alfons Fürst von Metternich, der Urenkel des Staatskanzlers baute es bis 1965 wieder zur heutigen Form auf.

---

[6] Eltviller Gästeführer, *Johannisberg*, auf: http://www.rheingauerwein.de, Stand: 12.07.2004, 16:00.

Das Kloster Eberbach[7]

1116 siedelte der Erzbischof Adalbert von Mainz Augustiner an. Nachdem die Augustiner die Anlage aufgaben, bekamen 1131 Benediktiner der Abtei Johannisberg die Anlage übertragen. Der Erzbischof kaufte 1135 das Gelände von den Benediktinern, um es dem heiligen Bernhard zur Gründung des Zisterzienser Ordens zu überlassen. Am 13. Februar 1136 erreichten die vom heiligen Bernhard entsandten Mönche das Kisselbachtal. Hier wurde eines der ältesten und größten Zisterzienser Kloster in Deutschland gegründet. 1142 wurde dann das Kloster Schönau bei Heidelberg als erste

Tochterfiliale gegründet. Es folgten 1145, 1155, 1174 weitere Filialen. 1186 wird dann die Klosterkirche wird feierlich eingeweiht. Im 12. und 13. Jahrhundert erleben die Eberbacher Mönche ihre Blütezeit. Zu diesem Zeitpunkt leben hier bis zu 150 Mönche und eine Vielzahl von Laienbrüdern. Ab dem 13. Jahrhundert verändert sich die Wirtschaftsstuktur des Klosters grundlegend. Die Mönche wenden sich von der körperlichen Arbeit ab, und geben sich dem geistigen wirken hin. Bei Aufständen in 1525 wird das Kloster Eberbach von der Bevölkerung geplündert. Die Aufständigen leeren das Erbacher Weinfass, das 71400l fasste. Im 30 jährigen Krieg wird das Kloster Eberbach von schwedischen Truppen besetzt und als Hauptquartier verwendet. Die Mönche fliehen nach Köln. Auf dem Rückzug der Schweden stehlen diese die Bibliothek des Klosters. 1803 übernimmt der Fürst Friedrich von Nassau – Usingen Besitzungen des Klosters im Rheingau. 1866 wird es dann von den Preußen übernommen.

1929-39 werden erste Sanierungsarbeiten im Kloster Eberbach begonnen. 1945 wird es vom Land Hessen übernommen, wobei die hessischen Staatsweingüter die Verwaltung des Klosters und dessen Besitz übernehmen.

Seit 1995 gibt es im Kloster Eberbach ein Museum, 1998 wird das Kloster Eberbach zur Stiftung. Der Weinbaubetrieb wird vom Kloster abgetrennt und von den Staatsweingütern weitergeführt. Das Kloster Eberbach wird von der Stiftung verwaltet.

---

[7] Eltviller Gästeführer, *Die Geschichte des Kloster Eberbachs*, auf: http://www.rheingauerwein.de, Stand: 12.07.2004, 17:00.

Seit der 850 Jahrfeier des Kloster Eberbach im Jahre 1986 wird das Kloster generalsaniert. Die Arbeiten am Kloster sollen spätestens im Jahr 2005 abgeschlossen sein.

Literaturverzeichnis

Anton, Ralph, *Niederwalddenkmal – Die Wacht am Rhein*, auf: http://www.deutsche-schutzgebiete.de, Stand: 12.07.2004, 15:20.

Biehn, Heinz, *MERIAN – Brevier von Rheingau und Taunus*, in: Merian VIII, Heft 9, Hoffmann und Campe Verlag, Hamburg, 1955.

Eltviller Gästeführer, *Die Geschichte des Kloster Eberbachs*, auf: http://www.rheingauerwein.de, Stand: 12.07.2004, 17:00.

Eltviller Gästeführer, *Geisenheim*, auf: http://www.rheingauerwein.de, Stand: 12.07.2004, 15:30.

Eltviller Gästeführer, *Historischer Rheingau*, auf: http://www.rheingauerwein.de, Stand: 12.07.2004, 14:00.

Eltviller Gästeführer, *Johannisberg*, auf: http://www.rheingauerwein.de, Stand: 12.07.2004, 16:00.